AF463165

NOTE

sur l'APPAREIL ENREGISTREUR "HALLADE"

par

M. André PATROIS

Ingénieur des Arts et Manufactures

Inspecteur à la Cie des Chemins de Fer de l'Est

ENREGISTREUR "HALLADE"

14, Rue Moncey, Paris (9e) - France

Reg. du Com. : Seine 348-362

TÉLÉPHONE : Gut 21-12

Adr. Tél. : Halrecords-84-Paris

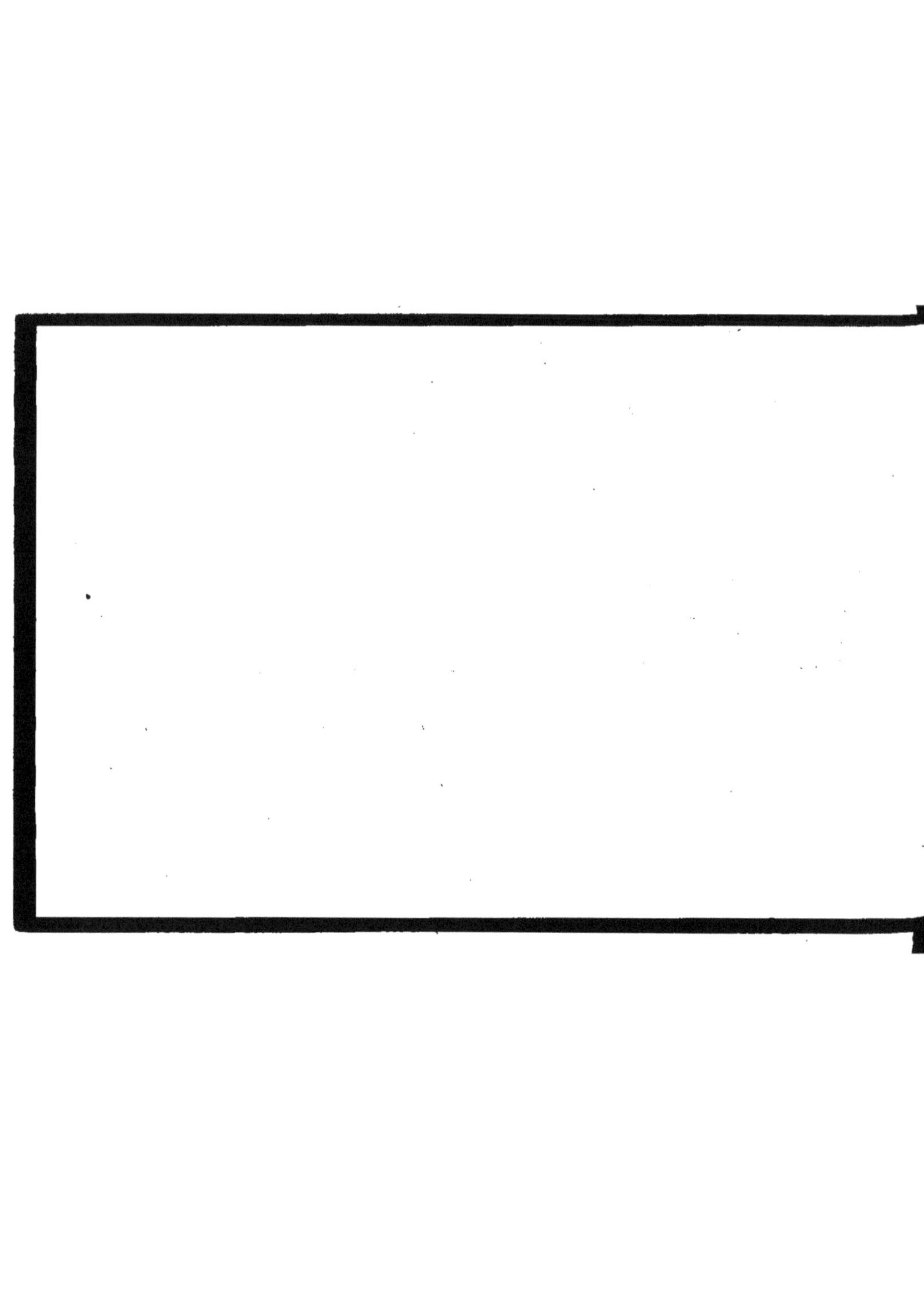

Note sur l'Appareil "HALLADE"

enregistreur des défectuosités des voies

L'Appareil imaginé dès 1907, par M. Hallade, Ingénieur Principal de la Voie aux Chemins de Fer de l'Est mérite une étude particulière, tant en raison du grand développement de son emploi en France et à l'Etranger, que des perfectionnements successifs apportés au modèle primitif.

Nous avons pensé utile de décrire cet appareil dans sa forme actuelle, en insistant sur la portée des renseignements que l'on peut en tirer.

CHAPITRE PREMIER

DESCRIPTION ET USAGE DE L'APPAREIL "HALLADE"

A) **But de l'Appareil**

Les chocs subis par les véhicules en marche et les oscillations de leurs caisses sont dûs en grande partie aux défectuosités de la voie, en plan et en profil. Ils augmentent rapidement avec la vitesse des trains, surtout en ce qui concerne les perturbations transversales. Ils détériorent le matériel roulant et provoquent par réaction, sur la voie, des efforts anormaux qui ont pour effet d'aggraver de plus en plus les défectuosités premières.

L'appareil "HALLADE" a pour but de déterminer les points de la voie qui provoquent les mouvements anormaux des véhicules en marche et d'indiquer la nature des défauts qui s'y trouvent, ainsi que leur importance relative.

Ces défauts sont notamment :

en plan : les points anguleux ou jarrets ; les variations brusques ou irrégulières de courbure ; les surhaussements défectueux en plus ou en moins ; les défectuosités des appareils de voie.

en profil : les fléchissements de la voie, les bourrages insuffisants ou irréguliers des traverses ; l'usure ou le desserrage des joints de rails.

Beaucoup de ces défauts échappent aux agents lors de la visite des voies à pied Quelques-uns même, comme ceux de bourrage ou de fixité de la voie, ne se révèlent parfois qu'au passage d'essieux lourdement chargés. Tous sont cependant très perceptibles dans un train pour un observateur attentif.

Un enregistreur placé dans une voiture indiquera donc les défauts utiles à connaître et à corriger, c'est à dire ceux qui provoquent des oscillations des véhicules.

B) Principe de l'Appareil

L'Appareil "HALLADE" est basé sur l'emploi de pendules composés, amortis, dont les déplacements relatifs par rapport à leur support sont enregistrés sur un diagramme, comme il est indiqué schématiquement par la Fig. 1.

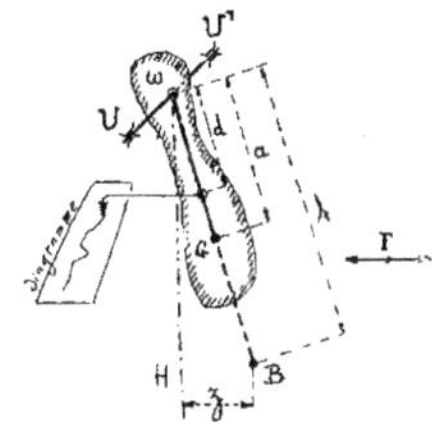

Fig. 1
UU' axe de suspension du pendule
G centre de gravité du pendule
M masse du pendule
I moment d'inertie par rapport à UU'
B centre d'oscillation ou de percussion défini par $\lambda = \frac{I}{Ma}$

Sur cette figure ωH représente la position que prend, au repos, l'axe ωG passant par le centre de gravité G du pendule, soit sous l'influence de la pesanteur seule, soit sous l'action combinée de la pesanteur et d'un ressort de rappel. Le pendule peut osciller de part et d'autre de ωH autour de l'axe UU'. Lorsqu'on imprime à son support des mouvements de translation quelconques, il n'est sensible qu'aux mouvements s'effectuant dans la direction des flèches F perpendiculaires à ωH et UU', ou plus exactement aux composantes, suivant F, de ces mouvements. (1)

L'appareil doit donc comporter autant de pendules qu'il y a de directions de mouvements à enregistrer et la nature de chaque défaut de la voie sera déterminée d'après le pendule qui l'aura enregistré.

Nous résumons ci-dessous la façon dont les pendules se comportent dans l'appareil "HALLADE" suivant l'allure du mouvement perturbateur. Ils fontionnent en effet de façon très différente pour les phénomènes rapides et pour les phénomènes lents.

Nous désignons par T la durée qu'aurait une oscillation double d'un pendule, s'il n'était pas amorti.

a) **Enregistrement des phénomènes rapides :** Le centre d'oscillation B du pendule tend à rester immobile dans l'espace, tandis que l'axe de suspension UU' ainsi que le papier du diagramme suit le mouvement de la voiture.

Le déplacement relatif du stye par rapport au papier est donc proportionnel au déplacement réel z de la voiture. Le rapport de proportionalité $r_0 = \frac{d}{\lambda}$ est indépendant de la vitesse du train, pourvu que cette vitesse soit suffisante pour que la durée de chaque déviation soit nettement inférieure à T. Mais il faut bien remarquer que le déplacement z de la voiture dépend de la vitesse Le diagramme obtenu varie donc avec celle-ci.

b) **Enregistrement des phénomènes lents :** Pour des phénomènes dont l'évolution est lente par rapport à T, le pendule n'enregistre plus les déplacements réels z du véhicule, mais leur accélération $\frac{d^2z}{dt^2}$. Le pendule a, en effet, le temps de prendre à chaque instant une position d'équilibre dont l'écart avec la position ωH est proportionnel à l'accélération du mouvement considéré. Les indications du style dépendent encore de la vitesse du train, car pour un même déplacement z l'accélération $\frac{d^2z}{dt^2}$ est fonction de la durée de ce déplacement.

1) à condition que les oscillations ne soient pas trop grandes.

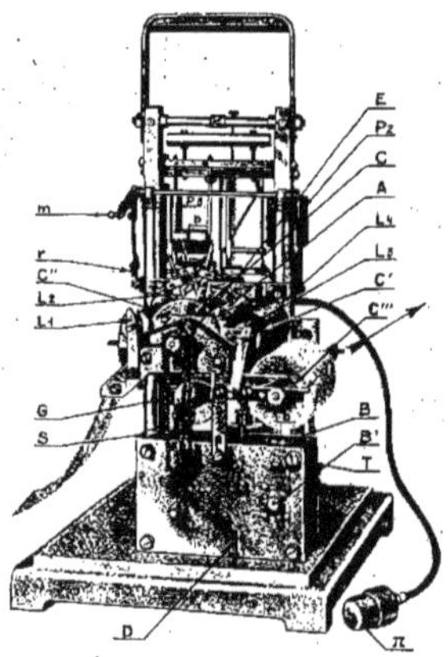

Fig. 2. - Appareil *"Hallade"*

(Vue de face)

Légende des figures 2 et 3

A ... Cylindre presseur.
C ... — dérouleur principal.
C' ... — porte-carbone de droite.
C'' ... — — de gauche.
C''' .. — magasin de diagramme.
L_1 L_2 Leviers de mise en place de C''.
L_3 L_4 — — de C'.
d ... Levier — de C'''.
b .. Bouton molleté de verrouillage de C'''.
m ... Manette d'immobilisation des styles.
r ... Ressort de verrouillage de m.
P_2 .. Pendule de roulis (volant).
p ... — d'accélérations longitudinales
P_3 .. — des mouvements latéraux.
P_1 .. — — verticaux (pilon)
R ... Ressort d'équilibrage de P_4.
V ... Vis de réglage de R.
D ... Doigt de mise en marche du moteur.
G ... Chaînes de transmission.
E ... Ecrou d'embrayage des chaînes G.
B ... Bouton de réglage de la vitesse du moteur.
B' ... Bouton d'immobilisation de B.
S ... Plaque supérieure du moteur.
T ... Plaque verticale —
Y ... Amortisseurs pneumatiques.
π .. Poire pour l'enregistrement des repères.

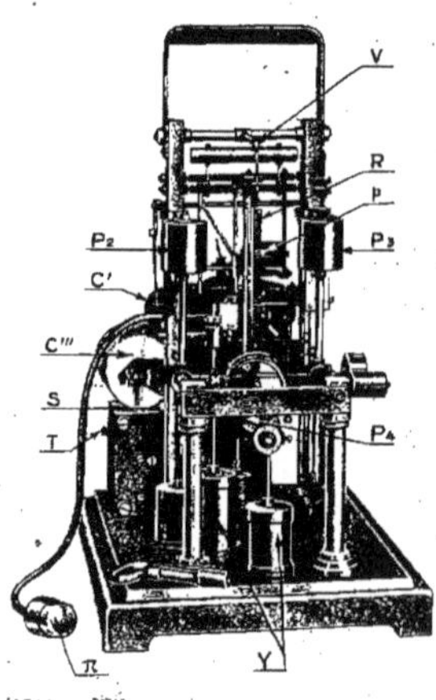

Fig. 3. - Appareil *"Hallade"*

(Vue arrière)

c) **Enregistrement des mouvements oscillatoires dont la période est voisine de T :** Un pendule non amorti entrerait en résonance et décrirait des oscillations exagérées. Par un réglage convenable de l'amortissement, on peut supprimer complètement la résonance et maintenir pour l'enregistrement de ces mouvements, la même échelle $\frac{d}{\lambda}$ que pour les mouvements très rapides.

d) **Enregistrement des chocs isolés :** Le pendule reçoit une impulsion qui le ferait osciller plusieurs fois de suite s'il n'était pas suffisamment amorti. Le degré d'amortissement dont nous venons de parler évite cet inconvénient. Il ne laisse subsister d'une façon visible que la première oscillation.

Remarque sur l'amortissement : Comme nous venons de le voir, un pendule insuffisamment amorti enregistrerait mal les phénomènes *c)* et *d)* ci-dessus. Certains auteurs préfèrent pour cette raison, à un pendule pouvant osciller de part et d'autre de sa position médiane, un groupe de deux pendules dont chacun ne peut osciller que d'un seul côté de cette position, tout mouvement de l'autre côté étant empêché au moyen d'une butée. Les défauts du pendule libre étant complétement évités par un amortissement convenable, l'emploi du double pendule à butée, plus compliqué comme réalisation, ne présente pas d'avantages notables sur le pendule unique amorti.

Mais un tel amortissement doit-être produit par une viscosité et non par un frottement de solide sur solide, qui ôterait toute sensibilité au pendule pour les mouvements à faible accélération.

C) Description et fonctionnement de l'Appareil

L'Appareil "HALLADE" se compose :

d'un style (N° 1) enregistrant les points de repère ;

de 3 systèmes de pendules actionnant chacun un style inscripteur (style N°s 2, 3 et 4).

d'un mouvement d'horlogerie faisant dérouler le diagramme à vitesse constante.

Il est aisément transportable (dimensions d'encombrement : $0^m33 \times 0^m43 \times 0^m50$) et peut être posé sans aucune préparation dans un compartiment d'une voiture quelconque d'un train où l'on désire effectuer un relevé. Les figures 2 et 3 représentent l'appareil à découvert. Il est habituellement enfermé, même pendant l'emploi, sous une ébénisterie qui le protège contre les chocs et la poussière.

Pointage des repères et détermination de la vitesse des trains :

Le Style n° 1 dont le mécanisme est représenté fig. 4 est actionné à distance au moyen de la poire pneumatique π par un observateur placé à une fenêtre de la voiture.

Cylindre à air avec piston plongeant

Il sert à enregistrer, au moyen d'un nombre de crans conventionnels, les points de repère utiles (stations, ponts, appareils de voie,..etc.) et surtout les poteaux kilométriques. Ces pointés permettent de déterminer, par interpolation, la position kilométrique d'un point quelconque du diagramme avec une précision suffisante.

On détermine la vitesse du train d'après la distance D exprimée en m/m séparant sur le diagramme les pointés des 2 poteaux kilométriques successifs. Si V est la vitesse de déroulement du papier, en m/m par seconde, le temps mis pour franchir un Km est $\frac{D}{V}$ secondes. La vitesse des trains est :

$$\frac{3600 \times v}{D} \text{ Km à l'heure.}$$

La vitesse v étant réglée une fois pour toutes, il est commode d'établir à l'avance une échelle de vitesse comme celle représentée fig. 5 qui correspond à $v = 1$ m/m par seconde.

Fig. 4.- Mécanisme du Style n° 1

Fig. 6.- Mécanisme du Style n° 2

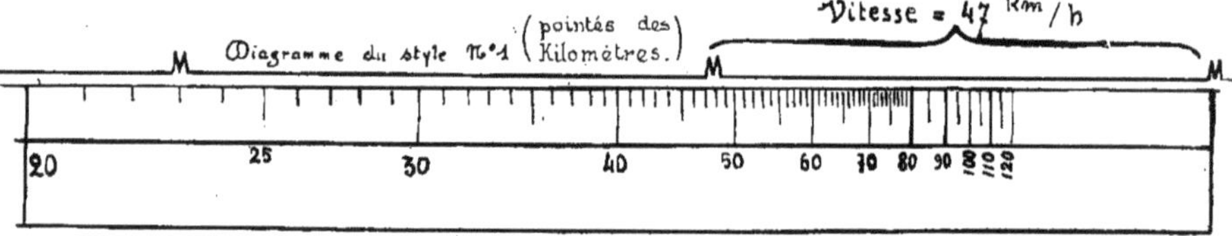

Fig. 5.- ECHELLE DES MESURE DES VITESSES (valable pour un déroulement de papier de 1 m/m par seconde).

Enregistrement des accélérations longitudinales et des mouvements de roulis :

Le Style n° 2 est actionné (fig. 6) à la fois :

a) par un volant P_2 constitué par deux masses égales équidistantes de l'axe de rotation $x_2\ x'_2$ qui est parrallèle aux rails.

b) par un pendule p dont l'axe de rotation $x\ x'$ est horizontal et perpendiculaire aux rails.

Il enregistre ainsi :

1) grâce au volant P_2, les mouvements de roulis, c'est à dire de rotation du véhicule autour de son axe longitudinal. Le volant tend en effet à rester immobile dans l'espace quand le bâti de l'appareil pivote autour de lui. Il est insensible aux mouvements de translation verticaux ou horizontaux. Une petite masse m_2 équilibre dans ce but le levier l_2 et la moitié de la bielle verticale.

2) grâce au pendule p, les mouvements longitudinaux : accélérations (positives ou négatives) aux démarrages et aux freinages du train, réactions des attelages et des tampons lors des arrêts brusques. Le pendule p enregistre aussi les pentes et rampes.

La conjugaison des deux organes de rôles différents P_2 et p pour actionner un seul style est une simplification mécanique qui n'offre pas d'inconvénient pour l'enregistrement correct des deux sortes de phénomènes, ni pour l'interprétation du diagramme.

En effet, sous l'action du roulis, mouvement généralement rapide (dû à l'affaissement d'un joint sur une seule file de rails, ou au passage sur des appareils de voie fatigués) l'inertie de P_2 est suffisante pour entraîner p, qui joue d'ailleurs pour P_2, le rôle indispensable de rappel en position initiale. Au contraire, les accélérations longitudinales varient assez lentement pour que p, bien qu'ayant son mouvement propre ralenti par P_2, ait le temps de les enregistrer.

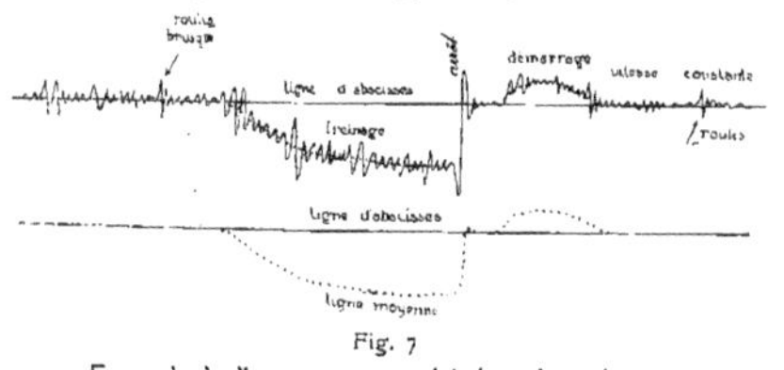

Fig. 7

Exemple de diagramme enregistré par le style n° 2.

Il est facile de faire la distinction de ces deux phénomènes sur le diagramme obtenu : les roulis impriment au style des mouvements alternés à fréquence assez rapide et constante, tandis que les accélérations déplacent la ligne moyenne (1) du tracé par rapport à ligne d'abscisse.

Les ordonnées de la ligne moyenne du diagramme du style n° 2 indiquent donc les accélérations longitudinales et les variations de profil. La longueur du bras de levier b_2 du pendule p est de 100 m/m de sorte que les déplacements du style sont de 1 m/m pour une accélération égale au 1/100e de la pesanteur ou pour une variation du profil en long de 10 m/m par mètre.

(1) Le terme «ligne moyenne» que nous employons ici ne doit pas être pris dans le sens du terme mathématique «fonction moyenne». Il s'agit d'une ligne, difficile à définir d'une façon rigoureuse, dont les ordonnées varient lentement et qui passe sensiblement par les milieux des sinuosités à fréquence rapide du graphique. La fig. 7 donne un exemple de diagramme sur lequel on a reporté en ponctué ce que nous appelons la ligne moyenne.

Le déplacement du style s'effectue vers le haut du diagramme pour une accélération ou une rampe, vers le bas pour un freinage ou une pente. Généralement, les variations de profil coïncident avec des variations de vitesse, de sorte que l'enregistrement du profil est imprécis. Il n'a d'ailleurs pas d'utilité.

Comme exemple d'accélération, le diagramme de la fig. 8, relevé sur le Métropolitain, indique en f (12 %) un effort de freinage égal à 12 % de la pesanteur et en a (6 %) un effort de démarrage égal à 6 % de la pesanteur.

Enregistrement des secousses transversales et des répartitions incorrectes de dévers :

Le *Style n° 3* est le plus important. Il est mû par un pendule composé P_3 (fig. 2, 3 et 9) dont l'axe de rotation X_3 X'_3 est parallèle aux rails. Il enregistre donc les chocs et mouvements transversaux ainsi que l'accélération radiale dûe au passage en courbe.

Des masses d'équilibrage sont disposées dans le mécanisme pour le rendre insensible aux phénomènes qui ne doivent pas être enregistrés. Enfin, ce pendule est muni d'un amortisseur à air Y formé d'un piston se déplaçant avec un faible jeu annulaire dans un cylindre. Une fenêtre pratiquée au fond du cylindre avec obturateur mobile, permet de régler comme il convient le degré d'amortissement.

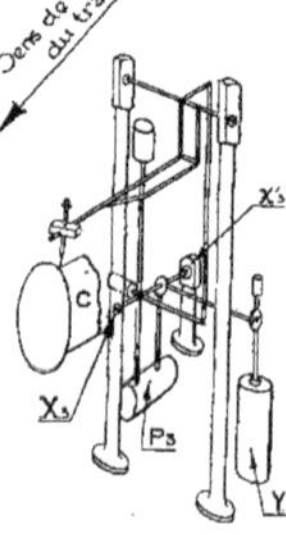

Fig. 9
Mécanisme du Style n° 3

Comme pour le style n° 2, mais pour une raison différente, il faut distinguer dans l'examen de la courbe enregistrée : d'une part la ligne moyenne, d'autre part les sinuosités par rapport à cette ligne moyenne.

Ces sinuosités représentent les chocs transversaux ainsi que les mouvements rapides, comme il est dit au paragraphe B) ci-dessus. L'échelle $\frac{d}{\lambda}$ indiquée plus haut est d'environ 0.22 à 0.25.

La ligne moyenne représente l'accélération des phénomènes à variations lentes comme l'accélération radiale $\frac{V^2}{R}$ de la circulation en courbe de rayon R. A l'obliquité du pendule dûe à cette accélération vient s'ajouter (ou se retrancher) l'obliquité du bâti dûe au dévers de la voie. Deux cas sont à distinguer :

1er cas : l'influence de la flexibilité des ressorts de suspension du véhicule peut être négligée :

Le pendule est dirigé (fig. 10) suivant la résultante GR du poids GP et de la force centrifuge GF. Il fait avec le bâti un angle

$$\alpha = \varphi - \beta$$

Les angles φ et β ne dépassent pas 8° à 10°. On peut confondre leurs mesures avec celles de leurs tg ou de leurs sin.

$$tg\,\varphi = \frac{F}{P} \qquad sin\,\beta = \frac{S_v}{l} \qquad \text{donc } \alpha = \frac{F}{P} - \frac{S_v}{l}$$

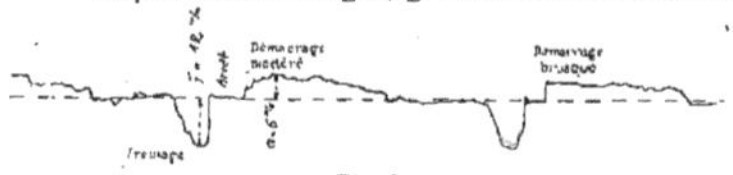

Fig. 8
Exemple d'accélérations et de freinage, style n° 2

LÉGENDE

l largeur de la voie.

l_0 écartement des ressorts.

P poids de la caisse.

F force centrifuge.

S_v surhaussement de la voie.

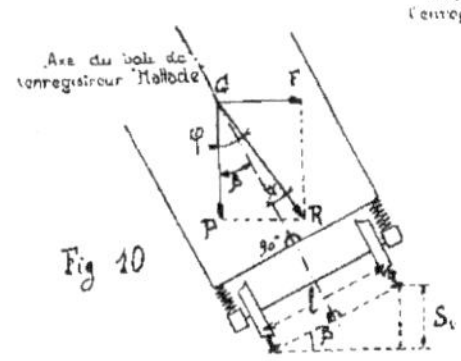

Axe du bâti de l'enregistreur "Hallade"

Fig 10

Axe du bâti de l'enregistreur "Hallade"

Sens positif des moments

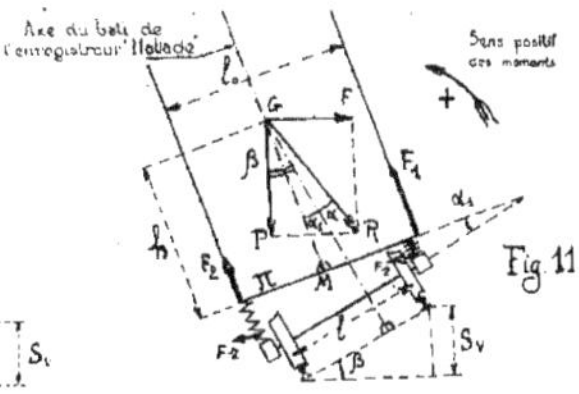

Fig 11

LÉGENDE

π plan des liaisons des ressorts avec la caisse.

h hauteur du centre de gravité G au-dessus du plan π

f flexibilité de l'ensemble des ressorts situés d'un même coté du véhicule.

D'autre part, le surhaussement théorique S_p pour la vitesse de passage V est tel que GR est perpendiculaire à la voie ayant ce surhaussement S_p. Donc :

$$\sin \varphi = \frac{S_p}{l} \text{ . En confondant } \sin \varphi \text{ avec } tg\, \varphi : \quad \frac{F}{P} = \frac{S_p}{l} \text{ . Par suite : } \alpha = \frac{S_p - S_v}{l} = \frac{S_p - S_v}{1^m50}$$

Par construction, l'ordonnée du style est : $e = 0^m15 \times \alpha$. Donc : $e = \dfrac{S_p - S_v}{10}$.

L'ordonnée de la ligne moyenne du style n° 3 est donc égale au dixième de la différence entre le surhaussement de la voie et le surhaussement théorique correspondant à la vitesse de passage.

2e *cas : On tient compte de la flexibilité des ressorts :*

La résultante GR ne passsant pas par le milieu du plan π, les ressorts sont inégalement chargés. Dans le cas de la fig. 11 les ressorts extérieurs se compriment plus que les autres. La caisse s'incline. L'angle GR avec le bâti "Hallade" devient $\alpha + \alpha_1$.

M. Daval, Ingénieur à la Compagnie d'Orléans, a montré que les ordonnées e calculées au cas précédent étaient alors multipliées par *un facteur constant* $(1 + K)$ *dépendant des caractéristiques de la voiture, mais indépendant de la vitesse du train.*

On peut calculer ce facteur K en considérant que la caisse est en équilibre sous l'action des forces P F F_1 F_2 F_r (F_r sont les réactions latérales des plaques de garde et des organes de suspension. Ecrivons par exemple que le moment résultant de toutes ces forces par rapport au point M est nul.

$$Ph \sin(\beta - \alpha_1) - Fh \cos(\beta - \alpha_1) + (F_1 - F_2)\frac{l_0}{2} + M_M^{F_r} = 0.$$

On peut négliger M_M^{Fr} et remplacer : $\begin{matrix} \sin(\beta-\alpha_1) \text{ par } \beta-\alpha_1 \\ \cos(\beta-\alpha_1) \text{ par } 1 \end{matrix}$ (petits angles). On a ainsi : $Ph(\beta-\alpha_1) - Fh + (F_1-F_2)\dfrac{l_0}{2} = 0$.
Or $(F_1 - F_2)$ est égal au quotient par f de la différence de flèche des 2 ressorts figurés.

$$F_1 - F_2 = \frac{l_0 \sin \alpha_1}{f} = \text{approximativement } \frac{l_0\,\alpha_1}{f}\text{. Donc : } Ph(\beta-\alpha_1) - Fh + \frac{l_0^2\alpha_1}{2f} = 0.$$

$$\text{d'où : } \alpha_1 = \frac{Fh - Ph\beta}{\dfrac{l_0^2}{2f} - Ph} = \frac{\dfrac{F}{P} - \beta}{\dfrac{l_0^2}{2Pfh} - 1} = \frac{\alpha}{\dfrac{l_0^2}{2Pfh} - 1}$$

La déviation du pendule, qui est α dans un véhicule à suspension dure, devient, dans un véhicule à ressorts flexibles :

$$\alpha + \alpha_1 \qquad \text{ou : } \alpha\left(1 + \frac{\alpha_1}{\alpha}\right)$$

Si donc, dans un véhicule à ressorts durs, une ordonnée e du style correspond à un écart de surhaussement : $S_p - S_v = 10\,e$, dans un véhicule à ressorts flexibles, on a :

$$S_p - S_v = \frac{10\,e}{1+K} \qquad \text{avec : } K = \frac{\alpha_1}{\alpha} = \frac{1}{\dfrac{l_0^2}{2Pfh} - 1}$$

M. Daval, indique le moyen très simple suivant pour déterminer K expérimentalement : il suffit de soulever les boîtes d'essieux d'un côté du véhicule de n millimètres. On mesure le déplacement e_n du style, et on a $1 + K = \dfrac{10\,e_n}{n}$

On n'a du reste pas toujours besoin d'appliquer cette correction car d'une part elle n'est pas considérable, d'autre part c'est surtout la forme des irrégularités de dévers qu'il est utile de relever sur les graphiques "Hallade" plutôt que la mesure exacte de ce dévers.

A titre d'exemple, la fig. 12 indique d'une part un relevé obtenu à la vitesse $V_p = 50$ km/h sur une courbe de rayon variable dans une voiture pour laquelle $1 + K = 1{,}25$ environ ; d'autre part les courbes représentant à échelle ½ le surhaussement réel S_v mesuré sur place et le surhaussement S_p qui correspondrait exactement à la vitesse de 50 km/h.

Diagramme "Hallade" obtenu à 50 km/h. Style n° 3 — Echelle : ½

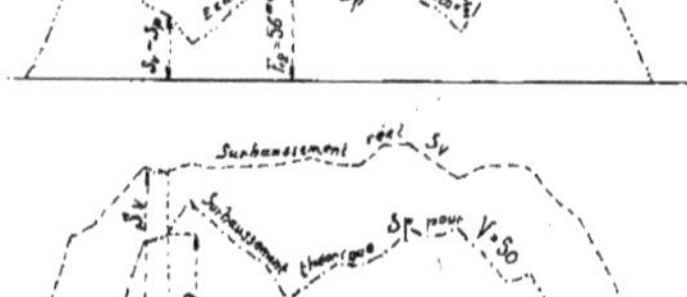

Fig. 12

Comparaison du diagramme du Style n° 3 avec les écarts de surhaussement relevés sur place.

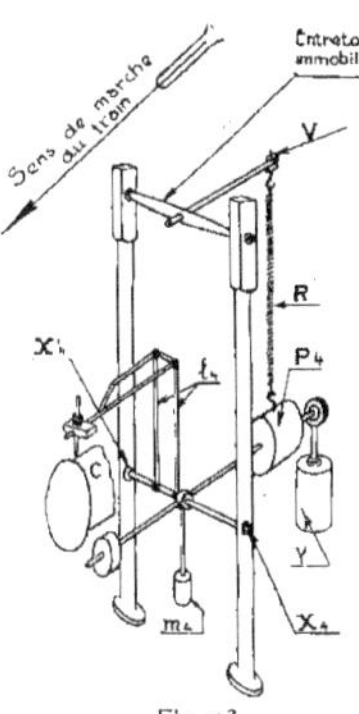

Fig. 13
Mécanisme du Style n° 4

Sans faire aucune mesure sur le graphique, on voit que l'ordonnée moyenne du diagramme "Hallade" donne une idée très exacte de la variation de la quantité $S_v - S_p$ le long de la courbe et localise parfaitement les points où le surhaussement est à augmenter ou à diminuer. (Compte tenu de la différence d'échelle des abscisses des 2 tracés).

Mais, si l'on veut évaluer d'après ce diagramme la valeur de l'écart $S_v - S_p$, il faut tenir compte du coefficient $(1 - K)$. L'ordonnée e_2 par exemple, mesurée sur la fig. est de 7 %. Mais l'écart $S_v - S_p$ correspondant et de 56 m/m et non ne 70 m/m come on serait tenté de le supposer.

Ajoutons enfin qu'en toute rigueur, le pendule n° 3 est sensible aux mouvements de roulis. Mais l'échelle d'enregistrement de ces mouvements par le style n° 3 est beaucoup plus faible que par le style n° 2 et ils sont pratiquement invisibles sur le diagramme.

Enregistrement des secousses verticales :

Le style n° 4 est mû par un pendule composé P_4 (fig. 13) dont la position de repos (ωH de la fig. 1) est réglée à l'horizontale grâce à un ressort R. L'axe de rotation $X_4 X'_4$ est horizontal et perpendiculaire aux rails. Une masse m_4 équilibre les bras l_4 et le porte-style. Le mécanisme est également muni d'un amortisseur pneumatique Y semblable à celui du pendule P_3.

Le style n° 4 enregistre les secousses verticales produites par les dénivellations aux joints de rails, les traverses mal bourrées, ou les fléchissements de la voie. Tous ces phénomènes entrent dans la catégorie des phénomènes rapides indiqués au début de ce chapitre. Ils sont enregistrés à une échelle sensiblement constante qui est voisine de 1/2.

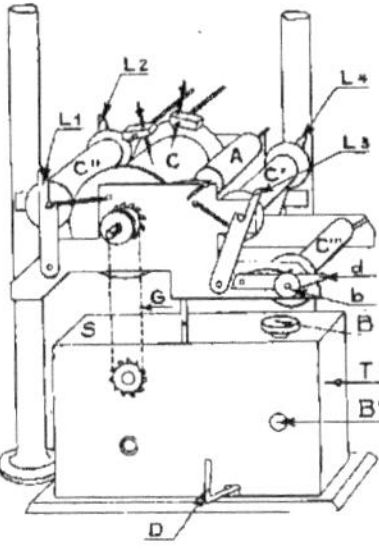

Fig. 14
Mécanisme de déroulement du diagramme

Mécanisme de déroulement du diagramme :

C'est un mouvement à ressort d'horlogerie du modèle utilisé couramment en télégraphie. Il actionne par chaîne un cylindre dérouleur C (voir fig. 2, 3, 14), garni de pointes près des joues d'extrémité, pour entraîner le diagramme. La bobine de papier est enfilée sur le cylindre C'''.

Les premiers appareils "Hallade" utilisaient un papier recouvert d'un enduit métallisé sur lequel inscrivaient des styles en laiton.

Pour permettre d'obtenir directement des tirages héliographiques des diagrammes, l'inscription se fait maintenant sur une bande de papier calque avec interposition d'une bande de papier carbone entre ce calque et les styles, constitués par des pointes mousses en acier. La bobine de papier carbone est enfilée sur le cylindre C'. Le cylindre presseur A applique l'une

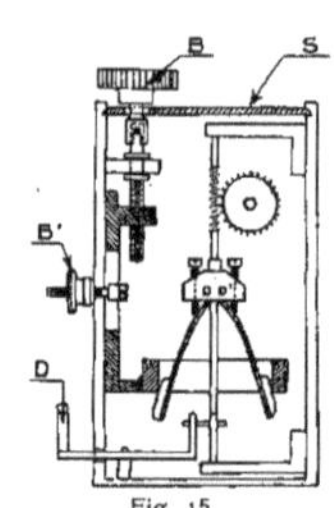

Fig. 15
Régulateur de mouvement d'horlogerie

contre l'autre la bande de calque et la bande de carbone qui sont entraînées ensemble par les pointes du cylindre C. La bande de carbone s'enroule ensuite sur le cylindre C", entraîné par friction par les joues du cylindre C. Le diagramme sort librement de l'appareil. La bande de carbone peut servir plusieurs fois : il suffit de permuter les cylindres C' et C".

Vitesse de déroulement : Il y a deux transmissions à chaîne montées sur les axes du moteur et de C. On peut embrayer à volonté l'une ou l'autre et obtenir ainsi deux vitesses différentes de déroulement (dans le rapport de 1 à 2 habituellement). La valeur absolue de ces vitesses peut être réglée avec précision en agissant par le bouton B sur le régulateur à force centrifuge (fig. 15) contenu dans le moteur d'horlogerie. On adopte généralement 2 et 4 $^{m}/_{m}$ par seconde.

Particularités de construction : En vue de réduire au minimum les frottements nuisibles, les axes $X_2X'_2$, $X_3X'_3$, $X_4X'_4$ des pendules P_2, P_3, P_4, sont montés sur roulements à billes. Les autres articulations sont à pointes et crapaudines coniques. Les bielles verticales des mécanismes des styles n°s 2 et 3 son terminées par des pointes d'acier. Les crapaudines des deux leviers auxquels chaque bielle est reliée sont maintenues en contact avec elles au moyen d'un ressort à boudin qui entoure la bielle (fig. 16).

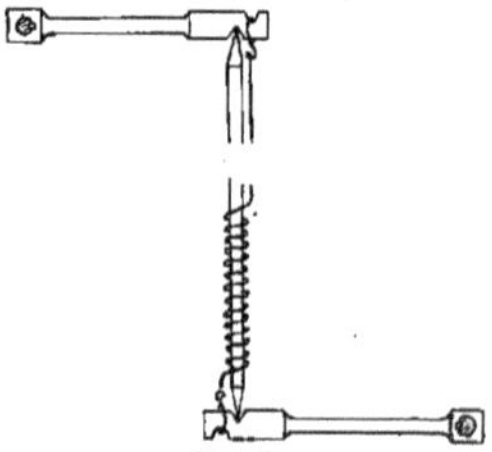

Fig. 16

D) Interprétation des Graphiques.

GÉNÉRALITÉS : Les graphiques obtenus sur une voie déterminée dépendent de la vitesse du train et des caractéristiques du véhicule où l'on opère.

Influence de la vitesse : Sur les diagrammes obtenus à faible vitesse, les défauts de la voie ne sont accusés que d'une façon imperceptible. A mesure que la vitesse augmente, ils apparaissent de plus en plus nettement pour deux raisons principales :

1°) Les défauts isolés tels que points anguleux en plan ou en profil exercent des percussions plus énergiques sur la voiture donnant un « lancé » plus important aux pendules.

2°) La trajectoire suivie par la caisse, en voie défectueuse, s'écarte de plus en plus du tracé de la voie à cause de l'élasticité et des jeux dans les organes de suspension et de roulement du véhicule.

L'influence de la vitesse se fait surtout sentir sur les indications du style n° 3 (mouvements transversaux). Elle est en général moins sensible pour le style n° 4 (mouvements verticaux).

Il est donc recommandé, pour l'examen d'une grande section de ligne, d'utiliser de préférence des trains rapides à marche régulière.

Influence du véhicule : Cette influence est bien moins variable que celle de la vitesse. En tous cas, elle est la même d'un bout à l'autre du graphique. Nous avons signalé plus haut la correction de l'ordonnée moyenne du style n° 3 (formule de M. Daval). Il faut remarquer en outre que les véhicules éprouvent des oscillations continuelles transversalement et verticalement qui produisent sur le diagramme des sinuosités assez régulières et de fréquence constante. (1)

Cette particularité, généralement peu accentuée, ne gêne en rien la localisation des défauts de la voie qui sont toujours accusés par des sinuosités d'amplitude notablement plus grande que dans les parties adjacentes du diagramme.

Avant toute interprétation de détail d'un relevé, un examen rapide de l'ensemble s'impose donc pour se rendre compte de la marche du train et des particularités d'enregistrement dûes au véhicule.

Rappelons enfin qu'en ce qui concerne les défauts de la voie, le style n° 2 indique si la voie est bien d'aplomb ; le style n° 3, si elle est bien tracée et si le dévers est correct ; le style n° 4, si elle est bien bourrée et si les joints sont bons. Les planches hors-texte donnent à titre d'exemples, quelques extraits de diagrammes.

Style n° 2 : Le graphique de ce style ne comporte en général que de petites oscillations. On remarque sur l'extrait n° 4 des mouvements de roulis dûs au passage sur des appareils de voie fatigués. Les roulis importants de l'extrait n° 10 ne s'observent que très rarement. Ils sont causés par un bourrage irrégulier de deux files de rails mais sont exagérés par la suspension de la voiture.

L'ordonnée moyenne du graphique du style n° 2 en indiquant les accélérations et les freinages, renseigne sur la régularité de marche du train et signale en particulier les endroits où la vitesse du train a varié rapidement, ce qui est important pour la localisation des points par interpolation avec les repères enregistrés par le style n° 1.

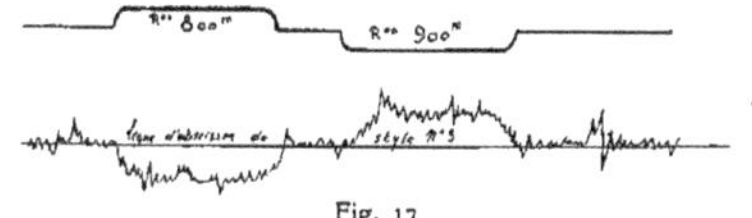

Fig. 17

Enregistrement du style n° 3 pour $V_p < V_s$

V_p = vitesse de passage du train

V_s = vitesse de calcul du surhaussement

Fig. 18

Enregistrement du style n° 3 pour $V_p < V_s$

(1) Cette fréquence est celle des oscillations propres du véhicule et non celle des oscillations libres des pendules si l'amortissement de ceux-ci a été correctement réglé.

Style n° 3 : La ligne moyenne de ce tracé indique, comme nous l'avons vu, la différence entre le surhaussement théorique correspondant à la vitesse de passage et le surhaussement réel.

Chaque ondulation (de grande durée) de cette ligne moyenne correspond à une courbe. Si l'appareil est correctement orienté dans la voiture et si l'on trace sur le diagramme le relevé des courbes d'après le plan de la ligne parcourue, on obtient la disposition fig. 17 quand le dévers est supérieur à celui qui correspond à la vitesse de passage et celle de la fig. 18 quand il est inférieur.

Les sinuosités notables par rapport à la ligne moyenne indiquent les jarrets, les variations brusques de courbure et de surhaussement, ou des surécartements de la voie.

Elles sont notamment très importantes dans les courbes déformées ou les raccordements mal établis. Par exemple lorsque les courbes sont reliées aux alignements sans aucun raccordement, le dévers est généralement racheté partiellement sur l'alignement. Tant que le véhicule est sur l'alignement, le pendule enregistre la variation de dévers et le style s'écarte progressivement de la ligne d'abscisses. Dès l'entrée de la courbe, l'accélération radiale prend sa pleine valeur et dévie brusquement le pendule. On obtient sur le diagramme un écart triangulaire très visible sur les extraits n°s 2 et 10. L'effort brusque subi par la caisse lui imprime en outre des oscillations importantes qui se lisent sur le graphique (1). Le passage sur les mêmes courbes, régularisées et munies de raccordements bien établis ne révèlent plus de chocs anormaux. Les oscillations ne sont pas plus accentuées qu'en voie droite. Seule la ligne moyenne du tracé dévie progressivement si la vitesse de passage ne correspond pas à celle pour laquelle des surhaussements ont été prévus, ce qui n'offre pas d'inconvénient. Comme exemple il est intéressant de comparer les extraits n°s 2 et 3, 4 et 5, 6 et 7, 10 et 11.

Les appareils de voie posés en courbe de façon défectueuse donnent également de fortes secousses. L'extrait n° 8 est relatif à la voie directe d'un changement à deux voies posé en courbe, dont l'aiguillage et le croisement sont rectilignes. L'extrait n° 3 a été relevé au même point après pose d'un changement dont la voie directe est entièrement en courbe de même rayon que la voie courante (1000m).

Style n° 4 : Il renseigne sur la qualité et la régularité du bourrage de la voie et sur la tenue des joints de rails. L'extrait n° 1 indique par exemple des oscillations très faibles sur une partie de voie récemment révisée et des oscillations considérables sur une partie voisine en cours de transformation. Sur les autres extraits, on voit distinctement les joints bas qui doivent être revisés.

E) Principaux usages de l'Appareil.

L'usage le plus répandu de l'appareil "Hallade" consiste à parcourir périodiquement (2 ou 4 fois par an par exemple) les lignes principales d'un réseau, en plaçant l'appareil dans un train rapide. Il est préférable d'utiliser toujours la même voiture et de la placer au même endroit du train (en queue) pour donner aux diagrammes une valeur comparative meilleure, mais ce

(1) Ces oscillations ont pour résultat d'augmenter l'ordonnée maximum du diagramme. Les réactions latérales des roues sur les rails sont également plus fortes. Ce phénomène est appelé "effet dynamique" par M. Hallade.

n'est pas absolument indispensable. L'examen des bandes révèle les points défectueux, qu'on localise comme il est dit plus haut. Un tirage héliographique des bandes est envoyé aux agents locaux intéressés qui doivent repondre en indiquant les mesures prises pour corriger les défauts constatés. Le diagramme relevé au cours de la tournée suivante permet de se rendre compte des améliorations apportées.

Cette méthode permet ainsi :

de surveiller méthodiquement l'entretien des voies.
d'avoir toujours une sorte de carte géographique de la qualité des voies de tout un réseau ou d'un arrondissement.
de créer une émulation parmi les agents locaux. Chacun est naturellement incité à faire en sorte que le diagramme obtenu sur son parcours soit aussi bon ou meilleur que les autres.

Indépendamment de ces tournées périodiques de grand parcours, des essais sur des points particuliers sont faits avant et après modification de tracé pour se rendre compte des résultats de ces modifications.

Sur certains points où l'on est obligé de limiter la vitesse des trains, des essais de circulation sont également effectués à des vitesses croissant progressivement d'un passage au suivant, afin de déterminer par comparaison avec les diagrammes obtenus sur d'autres points, la vitesse qu'il est est possible d'autoriser en service normal.

L'appareil "Hallade" a enfin été utilisé, pour étudier la suspension des véhicules et notamment comparer deux types de véhicules ou deux types de suspensions différents. Les deux véhicules à comparer sont attelés au même train et munis chacun d'un appareil. La "Revue Générale des Chemins de Fer" a décrit des essais de ce genre effectués par le réseau du Midi pour comparer deux types de bogies (1) et de l'Orléans pour comparer la suspension des locomotives électriques et des voitures. (2)

Pour de tels essais, il est essentiel que les deux appareils soient réglés minutieusement pour que les caractéristiques de leurs pendules soient bien identiques. Il faut pour cela effectuer d'abord un voyage d'essai avec les deux appareils posés l'un près de l'autre. Un observateur se place de façon à voir par exemple les deux pendules n° 3 dans le même alignement. Il faut agir très progressivement sur les masses filetées de réglage de l'un des pendules, sur le degré d'ouverture de l'amortisseur et sur la charge du style jusqu'à ce que les deux pendules s'accompagnent parfaitement dans tous leurs mouvements. On règle de même les pendules n° 4.

Novembre 1927.
A. Patrois.

(1) Voir "Revue Générale", décembre 1920.
(2) — juillet 1927.

SPÉCIMENS de DIAGRAMMES

Numéros des Styles

1

2

3

4

NOTA. — [illegible]

Bifurcation de Bazancourt.

2

avant correction.

3

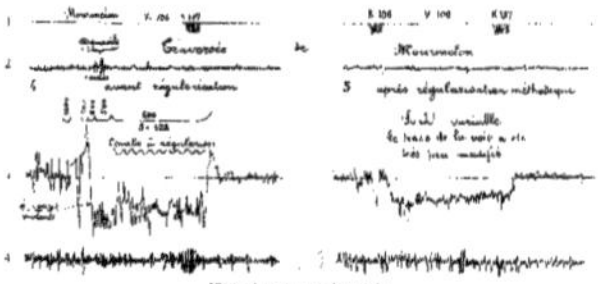

Gravenoire [illegible] Monsmelon

4 avant régularisation

5 après régularisation méthodique

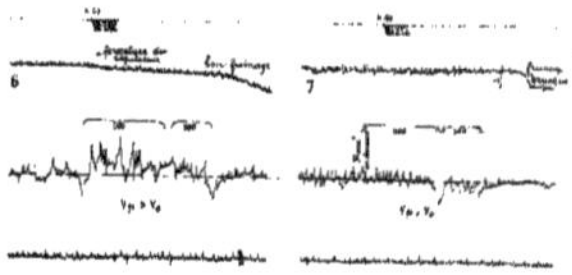

Vitesse de passage V_p plus grande que la vitesse V_0 correspondant au surhaussement

Traversée d'une gare comportant un [illegible] [illegible] [illegible]

Même traversée que ci-contre après application [illegible] régularisation des [illegible]

6 [illegible]

7 [illegible]

$V_p > V_0$

$V_p = V_0$

[illegible]

Même [illegible] après régularisation et application des [illegible]

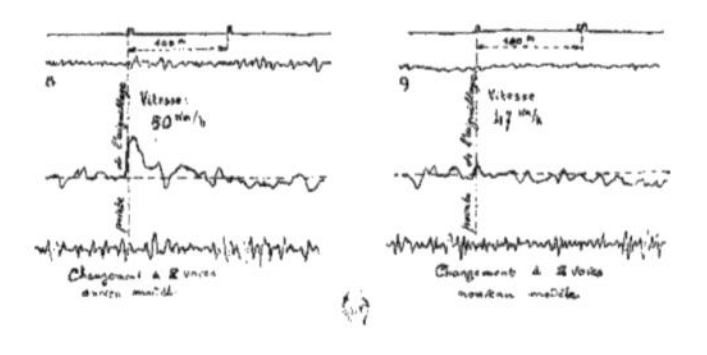
8
Vitesse
50 km/h
9
Vitesse
47 km/h
Changement à 2 voies

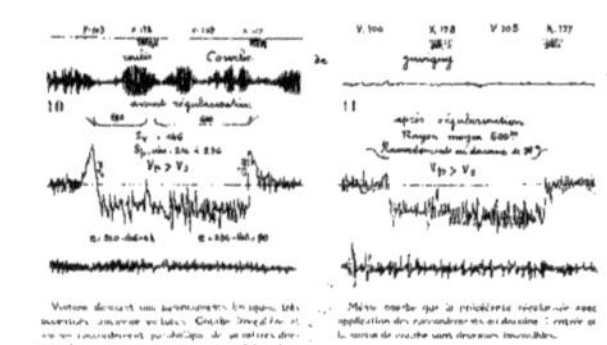
10
avant régularisation
11
après régularisation

www.ingramcontent.com/pod-product-compliance
Ingram Content Group UK Ltd.
Pitfield, Milton Keynes, MK11 3LW, UK
UKHW020233180726
13838UKWH00005B/2367

9 782329 179056